U0108621

太空未解之謎

植物大戰殭屍2

未解之謎漫畫

笑江南 編繪

中華教育

菜 問

向日葵

白蘿蔔

火焰豌豆射手

火炬樹樁

豌豆射手

竹筍

高堅果

棱鏡草

堅果

淘金殭屍

海盜船長殭屍

海盜殭屍

騎牛小鬼殭屍

鋼琴殭屍

鐵桶牛仔殭屍

海盜小鬼殭屍

導　讀

　　小讀者，在講太空的故事之前，我想先問你一個問題：你知道地球有多大嗎？對於人類來說，地球很大很大，一架時速900公里的飛機，繞地球一周也需要40多個小時。我們中的大多數人，窮盡一生都無法走遍地球的每個角落。那麼我接着問你，你知道宇宙有多大嗎？很可惜，我無法用具體的數字來描述宇宙的大小，我只能打一個比喻，和宇宙相比，地球就像沙漠裏的一粒沙礫，空氣中的一顆塵埃。在地球面前我們如此渺小，在宇宙面前地球又如此微不足道，想到這裏你會不會感到有些沮喪呢？

　　我要告訴你的是，不要灰心，更不要喪氣，因為在很久很久以前，我們的祖先就已經開始探索頭頂上的這片星空了。星空一直陪伴着人類，啟發我們的思考，治癒我們的心靈，給予我們無限遐想。我們的基因裏留存着對星空的依戀，我們的文明裏包含着對星空的嚮往。從第一次仰望星空，到第一次提出地球圍繞太陽旋轉的理論，再到第一次用望遠鏡來探索太空，第一次登上月球，第一次發射太空探測器拜訪太陽系各大行星，第一次觀測到引力波……人類文明的許多劃時代進步，都與天文學有關。

　　在這本書裏，我們一起去探索太空中那些尚未解開的「謎團」，譬如宇宙有邊界嗎？黑洞真實存在嗎？銀河系的中心藏着甚麼？土衛六上有初等生命嗎……面對浩瀚的太空，我們有太多不知道的事情，有太多的第一次等待着我們去實現。人類懂得謙卑，卻從不怯懦——這世界上最大的挑戰，不正是去探索把地球對比成一粒沙礫、一顆塵埃的宇宙嗎？親愛的小讀者，你願意接受這個挑戰，像我們的天文學家一樣，去探索宇宙的奧祕，追尋地球的命運，思考人類的未來嗎？

北京大學地球與空間科學學院副教授　田原

CONTENTS

目　錄

CONTENTS

目　錄

CONTENTS

目　錄

宇宙形成於一次爆炸嗎？

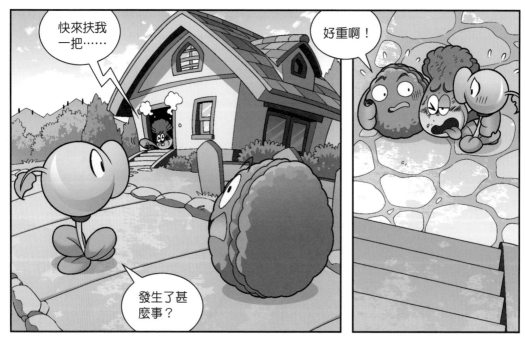

快來扶我一把……

好重啊！

發生了甚麼事？

菜問，剛才到底怎麼了？

是啊，你把我們都嚇壞了。

唉，我的實驗又失敗了。

你在做甚麼實驗啊？

我在製造宇宙。

製造宇宙？！

我從報紙上看到一條新聞，說宇宙是由一次大爆炸形成的。

你說的是比利時的天文學家勒梅特提出的「宇宙大爆炸起源論」吧？但是它還沒有被完全證實！

那你怎麼解釋宇宙微波背景輻射？

宇宙和微波爐有甚麼關係呀？

不是微波爐，是微波。

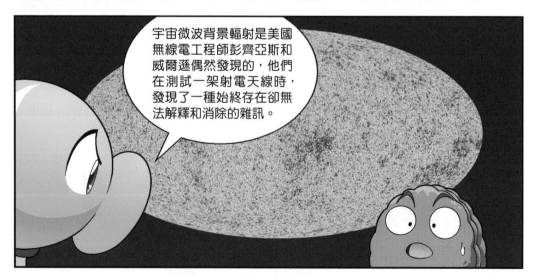

宇宙微波背景輻射是美國無線電工程師彭齊亞斯和威爾遜偶然發現的，他們在測試一架射電天線時，發現了一種始終存在卻無法解釋和消除的雜訊。

後來這種雜訊被證實是科學家們一直夢寐以求的宇宙微波背景輻射。

這些輻射是宇宙大爆炸時殘餘的輻射，記錄了大爆炸後38萬年的宇宙狀態。

一次小小的爆炸，怎麼會形成如此巨大的宇宙呢？

你沒聽說過熱脹冷縮的道理嗎？

爆炸產生的巨大熱量，使宇宙不斷膨脹，廣袤的宇宙就是這樣形成的。

菜問，你還是放棄吧！像宇宙大爆炸這種大型毀滅性場景，在家裏是模擬不出來的。

不過菜問已經很厲害了。

？

他也製造了毀滅性爆炸，只不過毀滅的是他自己家而已。

既然你們都在這裏，要不要一起做一個具有建設性的實驗？

只要不讓我爆炸就行。

放心吧，這個實驗一點危險都沒有。

到底是甚麼實驗啊？

宇宙從哪裏來，是人類永恆的疑問。「宇宙大爆炸起源論」是現代宇宙學中最有影響力的一種觀點，它認為宇宙是由一個緻密熾熱的奇點在一次大爆炸後膨脹形成的，但這個觀點在提出之初，遭到眾人的嗤笑。直到 1965 年，美國科學家彭齊亞斯和威爾遜觀測到了宇宙微波背景輻射，「宇宙大爆炸起源論」才被更多的人接受。

宇宙有邊界嗎？

你為甚麼忽然要去旅行啊？

我去旅行啦！

因為家裏沒吃的了。

還不是被你吃光的⋯⋯

外面天寒地凍的，你打算去哪兒呢？

我想去一個神祕的地方。

那就是——宇宙的邊界！

宇宙的邊界？

哈哈哈哈！

有甚麼好笑的？

難道你不知道，宇宙可能是沒有邊界的……

讓我來解釋一下吧，「宇宙大爆炸起源論」出現後，科學家還提出了「宇宙膨脹說」。

膨脹？

1929 年美國天文學家哈勃觀測到，離地球愈遠的星系離去的速度愈快，從而得出整個宇宙都在不斷膨脹的結論。

所以，你是永遠到不了宇宙的邊界的。

誰說的！

只要我的速度比宇宙膨脹的速度快，不就行了嗎？

你知道宇宙膨脹的速度有多快嗎？

不知道，你知道嗎？

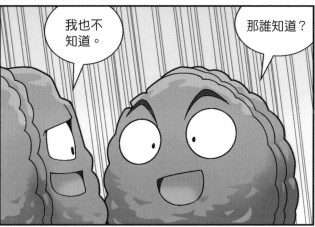

我也不知道。

那誰知道？

宇宙膨脹的速度沒有準確的值，只有不斷精確的值。

你這是在說急口令嗎？

不過科學家表示，這種膨脹能以任何速度進行——甚至超過光速。

啊？

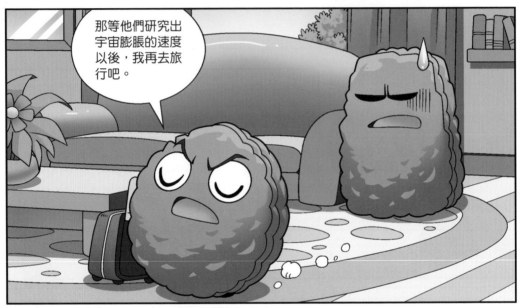

那等他們研究出宇宙膨脹的速度以後，我再去旅行吧。

不用那麼麻煩，其實你現在就可以去。

嗯？

因為你的膨脹速度也挺快的。

剛吃完飯，你的肚子就已經膨脹成這樣了。

哥哥，我好像有點消化不良。

早跟你說了，晚飯別吃太多！

根據「宇宙膨脹說」，宇宙誕生以來，一直在不斷膨脹，而且膨脹的速度不斷加快。迄今天文學家測量出的最精確的宇宙膨脹速度約為 73.2 公里／秒／百萬秒差距（每百萬秒差距等於 326 萬光年）也就是説一個星系和地球間的距離每增加 326 萬光年，其遠離地球的速度每秒就增加 73.2 公里，這個數值比之前科學家預計的要快 8% 左右。

平行宇宙真的
存在嗎？

是你？

是你？

你就是另
一個宇宙
中的我？

沒錯，是我，是
我，就是我！

這兩個植物長得一點也不一樣，還敢自稱是來自平行宇宙的對方！

甚麼爛電影哪！

它可是植物電視台收視率排名第一的《平行宇宙》啊！

不過我承認，電影的劇情有點不符合邏輯。

我就說嘛！

但是平行宇宙也許真的存在。

你怎麼證明平行宇宙的存在？

量子力學的一些研究成果或許能證明。

量子代表物理學中最小的單位。物理學家認為，量子是組成世界上一切物質的單位。

那我們也是由量子組成的？

也可以這麼說。

在20世紀50年代，科學家發現每次觀察到的量子狀態都不相同，

由此推測既然宇宙是由量子組成的，那麼可能並不只有一個，而是有多個類似的宇宙。

平行宇宙的概念就是這樣產生的。

那你的意思是，在另外一個宇宙空間中，也有一個菜問？

很有可能喲！

「平行宇宙」是科學界尚未被證實的理論。根據這個理論，我們的宇宙之外可能存在一個或多個和銀河系非常相似的星系，在這些平行的星系中有和太陽相似的恆星，和地球相似的行星，以及和我們相似的人類。不過，相似只是用來描述此刻的情景，很難說彼此一生的經歷和結局一樣。很多科學家認為研究平行宇宙沒有實際意義，因為即便存在平行宇宙，它們離我們也非常遙遠，幾乎不會發生接觸。

奇怪的射線是從哪兒來的？

白蘿蔔，我們一起練功吧？

你是在叫我？

是啊，你不是白蘿蔔嗎？

不，不，不……

白蘿蔔這個名字太土了，請叫我的藝名——悟空。

是齊天大聖孫悟空的「悟空」嗎？

不，不，不。

是中國發射的暗物質粒子探測衛星「悟空」號的「悟空」。

這顆衛星曾成功地獲取了世界上最精密的電子宇宙射線能譜。

是一顆超級厲害的衛星！

你剛剛說的宇宙射線是甚麼呀？

宇宙射線是來自宇宙空間的高能粒子流，最早發現它的人是奧地利科學家維克托·赫斯。

1912 年，赫斯乘坐氫氣球測量大氣電離度，他發現當氣球上升到 800 米以後，隨着海拔上升，電離度也在增加，到達 5 公里時，輻射強度竟然是海平面的 9 倍。

啊？

由於白天和夜晚測量到的數據一樣，赫斯認為這是一種來自宇宙空間的高穿透力射線，後來，有人將它命名為「宇宙射線」。

不過，直到今天，科學家對宇宙射線從何而來仍感到疑惑不解。

原來如此。

你的電話響了。

今天，極度危險的、高輻射的宇宙射線將會貼近地球而通過。所以，請關掉你的手機靠近你的身體，不要讓手機靠近你的身體，否則會對身體造成巨大損害。

有人發信息，說今晚有高輻射的宇宙射線來襲，提醒我關掉手機！

那是謠言！

首先，地球上本來就存在很多宇宙射線，地球上的生物也早已習慣了這些射線；

其次，如果真的有高能量的宇宙射線穿透地球，那關機也沒用。

你怎麼知道的？

植物鎮電視台都報道了，騙子用這種方式騙你關掉手機，然後打電話給你的親戚朋友，騙他們說你出車禍、受傷了，需要匯款，騙取錢財。

帥哥接電話啦！
帥哥接電話啦！

喂！

啊？

是誰呀？

噓！

你的朋友白蘿蔔出車禍了，現在需要一大筆錢！

對不起，我不認識甚麼白蘿蔔，我只認識悟空。

悟空，你認識叫白蘿蔔的植物嗎？

這個問題很難回答。

?

　　宇宙射線的研究是物理科學的一個重要領域，它是我們解開類星體、黑洞、射電星系等謎團的關鍵，不過至今科學家都沒有完全了解宇宙射線的來源。目前有兩種觀點，一種觀點認為，宇宙射線可能產生於超新星大爆發的時刻，是「死亡」的恆星在爆發的瞬間，向太空發射出的高能量帶電粒子流；另一種說法則認為宇宙射線來自爆發之後超新星的殘骸。

「悟空」真的「看」到暗物質了嗎？

堅果，這麼晚了你怎麼還在這裏？

愈晚愈好。

那你可不可以告訴我，你到底在找甚麼？

我或許能幫幫你。

我在找暗物質。

愈昏暗的地方，應該愈容易找到暗物質。

暗物質不是這個意思好嗎？

還是讓我來給你科普一下吧！

按照牛頓萬有引力定律，星系中愈往外的行星繞該星系中心的轉動速度愈慢。

但是——

目前觀測到的許多星系，靠近邊緣的天體和靠中心的天體運行速度差不多。

這是為甚麼呢？

科學家推測，在宇宙中，除了看得見的星系或星系團外，還有大量暗物質隱藏在其中，這些暗物質在「偷偷」地通過引力作用影響着星體的運動。

中國發射的暗物質探測衛星「悟空」就發現了一些蛛絲馬跡。

它發現了甚麼？

「悟空」觀測到了電子宇宙射線粒子數量突然下降的變化，這完全不同於常規宇宙射線能譜逐漸下降的分佈規律。

天文學家分析，這些宇宙射線或許來自暗物質。

聽完你的解說，我有種豁然開朗的感覺。

沒有先進的儀器，是不可能探測到暗物質的。我們還是回家吧！

不行。

暗物質是否存在，它究竟長甚麼樣，是籠罩在物理學天空上的兩朵烏雲。目前科學界普遍認為暗物質存在，它和暗能量佔宇宙物質的 95%，但是它們既不會發光，也不吸收和反射光子，很難被直接觀測到。不過暗物質粒子可能會湮滅或衰變，靈敏的探測器可以探測到在這個過程中暗物質發出的宇宙射線，「悟空」號暗物質粒子探測衛星即是利用這個原理來探測暗物質的。

黑洞真實存在嗎？

咯咯咯

出大事了！

你也知道了？

你們也知道？

是啊，我和魔音甜菜正聊這事呢！

這件事是祕密，你們誰也不准說出去。

放心吧！

祕密？

這麼說來，你們也知道黑洞的事了？

黑洞？

是呀，我發現了一個黑洞！

還以為你也知道了魔音甜菜變聲的事情呢！

誰讓你說出去的！

對不起，說漏嘴了。

不過黑洞是甚麼呀？

這你得問我。

最近我正在創作一首名叫《黑洞》的曲子。

我對黑洞的信息了解得最全面。

黑洞是廣義相對論中宇宙空間內存在的一種奇異天體，它的引力大到連光也無法逃脫，但人類無法直接觀測到它。

那怎麼證明它的存在呢？

科學家曾經發現黑洞和一顆星星組成的雙星結構。

如果有一顆星星在繞着不可見的伴星做軌道運動,很可能此處就有黑洞。

還有其他的方法嗎?

黑夜裏的笑容!

你怎麼又跑到懸疑小說裏去了?

我是說儘管我們看不到黑夜,但是可以看到黑夜中露出的白牙,也可以利用同樣的道理觀測黑洞。

光經過黑洞時會發生彎曲,如果我們觀測到了這種現象,就可以判斷附近存在黑洞。

那麼黑洞是從哪兒來的啊?

黑洞的形成或許跟恆星的衰亡有關。

當一顆恆星耗盡了自身全部的核燃料之後，它就會坍縮。

恆星的質量不同，它最終的命運就不同。質量較大的恆星會坍縮成黑洞，質量較小的則會演化成白矮星和中子星。

太可怕了！

如果你真的觀察到了黑洞，那將是天文學史上的重大發現啊！

我發現的黑洞好像和你說的不太一樣……

第二天早上

這就是我發現的「黑洞」。

請注意你的用詞,這只能被稱作「山洞」。

溫馨提示:在野外遇到山洞,千萬別冒險鑽進去!

都甚麼時候了,你還有心情說這個!

1783 年,約翰·米歇爾最早提出「黑洞」的假想 —— 宇宙中會不會存在一顆引力大到光都無法逃出去的星星,所以人類無法看見它。1915 年愛因斯坦發表了廣義相對論,從理論上預測了黑洞的存在。隨後近百年裏,科學家們在銀河系發現了近二千個恆星級黑洞,並且預測銀河系中約有一千萬個黑洞。不過人類無法直接觀測到黑洞,有些科學家對黑洞是否存在仍持懷疑態度。

白洞到底是甚麼？

你在寫甚麼呀？

我在創作散文。

散文最能夠反映作者的心理，讓我看看你在想甚麼。

還是我讀給你聽吧！

我的家長是親愛的淘金殭屍⋯⋯

是寫我的！

我對他只有一個期望⋯⋯

？

我希望他成為一個白洞。

白洞？

39

為甚麼你希望我成為一個白洞?

因為白洞和黑洞相反啊!

黑洞的引力很大,能吞噬一切靠近它的物質,連光都不能逃脫。可是白洞嘛——

你別賣關子了,快說!

天文學家認為白洞就像一眼無私的噴泉,不斷地向宇宙中釋放能量和物質。

白洞是一個只發射、不吸收的特殊宇宙天體喲!

你到底想表達甚麼?

我希望你成為一位只付出、不索取的家長。

我給你的愛還不夠多嗎？

光有愛是不夠的。

零用錢也要和愛成正比才行。

我跟你說，淘金殭屍最近愈來愈吝嗇。

我有甚麼辦法？誰讓我養了一個「黑洞」呢！

白洞是物理學家根據愛因斯坦的廣義相對論提出的一種假想天體，其性質與黑洞相反。它是宇宙中的噴射源，可以向外提供物質和能量，但不會吸收任何物質和輻射，連光都會排斥，因此呈白色。和黑洞相似，白洞也有一個封閉的邊界，聚集在白洞內的物質，只能經邊界向外運動，而不能反向運動。白洞目前還僅是一種理論模型，尚未被觀測到。

蟲洞真的存在嗎？

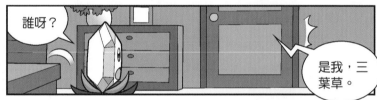

誰呀？

是我，三葉草。

棱鏡草，你沒事吧？

我能有甚麼事？

你幾天沒出現，我還以為你生病了。

我還給你帶了一大包藥。

謝謝你啊！

不過我沒有生病。

我正在研究時空穿梭機。

時空穿梭機？

那不是只存在於科幻小說裏的事情嗎？

話是這麼說。

可天文學家也曾預測過「蟲洞」的存在。

蟲洞是甚麼？

蟲洞是連接兩個遙遠時空的狹窄隧道，物體通過它進行時空旅行，不過這只是科學家的一種假設。

而且要想進行時光旅行，還需要找到一種帶有負能量的奇異物質，只有它才能敲開蟲洞的大門。

是不是就像阿里巴巴打開強盜寶庫的暗號那樣？

沒錯！我的蟲洞實驗已經進行到最關鍵的時刻，現在需要一名志願者幫忙。

讓我來幫你吧！

那太好了！

幫偉大的科學家做頓大餐吧！

你到底多久沒吃飯了？

蟲洞又稱時空洞，被認為是連接兩個遙遠時空的狹窄隧道，通過它可以進行時空旅行。科學家還提出了兩種蟲洞類型，一種是往返於不同星際間，一種是往返於不同宇宙間。不過，迄今為止，人類都沒有找到蟲洞存在的證據，甚至連提出該理論的愛因斯坦本人也不認為蟲洞客觀存在。

銀河的中心藏着甚麼？

站住！

你的包裹裝的是甚麼？

書……書啊。

憑我多年的偵探經驗，我認定……

你說我撒謊，有證據嗎？

當然有。

你在撒謊！

你緊張的眉毛、發抖的牙齒和奇形怪狀的背包就是證據。

好吧，我告訴你的話，你可不能和別人說。

我菜問可不是愛打小報告的植物。

好棒啊!

最新的「植物VS殭屍銀河大對戰」遊戲!你從哪兒弄到的?

噓!小聲點。

這可是我儲了大半年的零用錢買的。

我聽說,遊戲最後一關的場景是銀河系的中心,那裏藏着銀河系的終極怪物。

銀河系的中心可沒有怪物。

是豌豆射手。

他是今天的值日生,被他看到就慘了,快藏起來!

嘿,豌豆射手!

我聽到你們在討論銀河系的中心。

是啊,你知道銀河系的中心有甚麼嗎?

不知道。

很多天文學家認為,銀河系的中心是黑洞,甚至還觀測到銀河系中央的黑洞吞噬氣體的壯觀景象。

對,我在電影裏也看到過。

但是也有科學家提出了不同的觀點。

銀河系的中心不會真有怪獸吧？

沒有啦，有科學家提出另一種假設：銀河系中心可能是恆星的誕生地。最近，美國科學家又發現三顆年輕的恆星在那裏誕生。

銀河系在地球面前就是一個龐然大物，要弄清楚它，還有很多工作要做。

不用那麼麻煩。

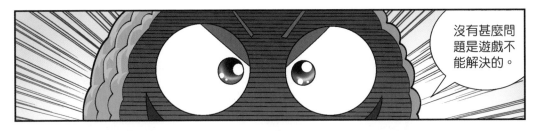

沒有甚麼問題是遊戲不能解決的。

你居然把遊戲帶到學校！

根據班規235項第4條，我現在必須沒收你的光碟。

我大半年的零用錢沒了。嗚——嗚——

銀河系的中心位於人馬座方向，因其佈滿星際塵埃，又遠離地球，對科學家來說一直是個謎。主流觀點認為銀河系的中心是一個質量巨大的黑洞，其質量可能是太陽的250萬倍，接近它的恆星會被吞噬。不過，也有科學家提出，在銀河系的中心有兩個黑洞，而不是一個。還有一部分科學家認為，銀河系的中心可能是恆星高度密集的區域，那裏有年輕的恆星，年老的恆星，也有黑洞。

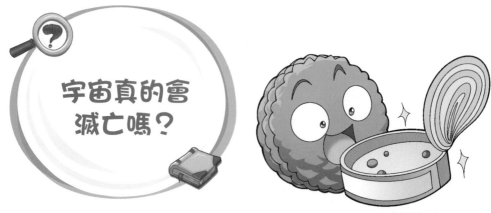

宇宙真的會滅亡嗎？

哥哥，待會我們去超市買甚麼好吃的呢？

你想吃甚麼？

我今天想吃罐頭！

罐頭沒有營養。

我就要吃罐頭！

好好好，吃罐頭，吃罐頭。

植物超市

折扣
50%

大減價

這裏的罐頭
我全包了!

罐頭食品
促銷

看樣子你吃
不成了。

呃。

那我們買壓
縮餅乾吧。

53

麻煩你把所有的壓縮餅乾給我。

夠了！

你為甚麼要和我作對？

別生氣，別生氣。

我勸你們想吃甚麼也一次吃個夠，因為宇宙即將滅亡了！

甚麼？！

這是著名的海底預言家纏繞水草說的。他曾經成功預言過植物鎮的大旱和洪災。

你們自求多福吧！

哥哥，宇宙滅亡一定很可怕吧？

應該是。

天文學家曾假設過宇宙滅亡的幾種結果。

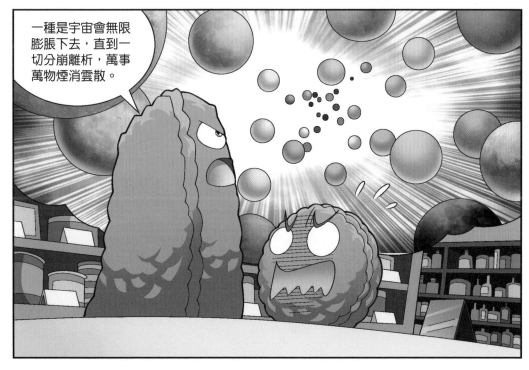

一種是宇宙會無限膨脹下去，直到一切分崩離析，萬事萬物煙消雲散。

根據「熱寂說」，宇宙最終會達到熱平衡狀態，即宇宙中每個地方的溫度都相等。但溫差是宇宙中所有事物存在的基礎，沒有溫差，宇宙將陷入一片死寂。

哥哥不要說了，我們趕緊買應急物品吧……

如果宇宙真的滅亡，買再多應急物品也沒有用。

嘿嘿，預言大師的影響力果然不一般。

我這超市裏的積壓貨品一下子全賣光了！

原來是你們害我吃不到罐頭和餅乾！

警察叔叔，就是他們兩個散播的謠言。

宇宙將以何種方式終結，科學家提出了三種假設：當宇宙的密度足夠大時，宇宙膨脹的速度將逐漸減慢直至停止，宇宙將坍縮至大爆炸前的狀態；當宇宙的密度不足時，宇宙將持續膨脹下去，並最終成為一個沒有生命的地方；當宇宙的密度處於臨界值時，宇宙膨脹的速度將徘徊在收縮的邊緣。不過宇宙的密度很難估算，因為宇宙中存在許多我們看不見的「暗物質」，我們對宇宙命運的預測可能並不準確。

蒙德爾極小期和冰河期有關聯嗎？

阿嚏！

天真冷。

是啊！

我的保溫杯裏有熱水，喝點取取暖吧！

謝謝。

熱水這麼快就變成冰了！

說不定已經進入「蒙德爾極小期」了。

那是甚麼啊？

它是在德國天文學家史波勒研究基礎上，由英格蘭科學家蒙德爾發現的。

在1645—1715年這70年間，幾乎沒有太陽黑子活動的記錄，太陽活動衰減到極低狀態。後來天文學家將這段時間稱為「蒙德爾極小期」。

但太陽黑子活動週期為 11 年左右,「蒙德爾極小期」的概念顯然與此不符,因此存在很大爭議。

蒙德爾極小期和寒冷的天氣有關嗎?

蒙德爾極小期發生的時候,正好是地球上的「小冰期」,那時全球氣溫都出現了下降趨勢。

看來蒙德爾極小期和小冰期有很大關係!

還不能這麼說。

因為科學家沒有發現有力的證據,能證明兩者有關係。

不過看這冰天雪地的樣子,搞不好是另一個小冰期開始了。

啊,我不想凍死在這裏!

太陽黑子的多少和大小，是太陽活動強弱的標誌，觀測到的太陽黑子愈多，太陽活動愈激烈。但是在公元1645—1715年間，天文學家幾乎沒有找到關於太陽黑子的記錄，說明這70年間太陽活動非常微弱。與此同時，地球正在經歷極寒天氣，農作物減產，饑荒爆發……但是兩者在時間上的重疊，並不代表「蒙德爾極小期」是造成「小冰期」的直接原因。

我一覺睡醒，發現太陽不見了！

太陽不會是燒光了吧？

太陽又不是真的在燃燒，人們只是把它內部的核聚變反應形容成燃燒而已。

太陽上含有極為豐富的氫元素，在高溫高壓下，氫原子核互相作用結合成氦原子核，同時釋放出巨大的能量。

那太陽豈不是會愈來愈熱？

再過 50 億年，太陽會因為溫度升高，進而膨脹成一顆紅巨星，到時它周圍的星體可能會被吞噬掉。

怎麼辦，怎麼辦，我們要滅亡了。

你能不能冷靜點？

有了！

你在給誰打電話？

一個能幫助我們的人。

喂，警察叔叔，地球要滅亡了！

別亂打報警電話啊！

警察叔叔怎麼說？

他讓我不要佔用通信線路。

真可怕，已經早上八點了，太陽還是沒有升起來！

其實你可以換個角度看問題。

比如把電子鐘調成24小時制。

連睡7個小時的午覺，是容易把腦子睡糊塗。

太陽是一個巨大而熾熱的氣體星球，它的中心溫度很高，在那裏，氫原子核互相碰撞融合，不斷地發生着核聚變反應，能釋放出巨大的能量。一些科學家認為，再過50億年，太陽的氫燃燒將使它內核的溫度更高，進而膨脹成一顆體積是當前體積250倍的紅巨星，還可能吞沒更靠近它的水星和金星，但不確定到那時地球是否也會被吞噬。

月球正在逐漸遠離地球嗎？

唉！

菜問，放學了你怎麼還不回家？

我有心事。

我知道，這次沒考及格，你心裏一定很難過。

不過對你來說這算一個警示，提醒你要用功學習了。

我不是在擔心成績的事。

啊？

那是……

我在擔心豌豆射手和我的友誼。

因為一件小事，豌豆射手和我疏遠了。

現在的我和他，就像月亮和地球，距離愈來愈遠……

你這傢伙說話還挺有詩意的。

看來你對天文學也有研究？

是啊。

我除了想當聞名世界的拳擊手之外，還想當一名天文學家。

或者電腦遊戲高手、相撲運動員、動物飼養員……

你的理想還挺多。

像月球離地球愈來愈遠的知識，根本難不倒我。

哦？

那你說說，為甚麼月球離地球愈來愈遠呢？

這還不簡單，是因為潮汐的作用。

地球和月球一直處於相互拉拽，但又保持着一定距離的狀態。

大家都知道，潮汐是由太陽和月球的引力形成的，但是——

潮汐同時也增加了海水和陸地的摩擦力，使地球的自轉變慢。

說得沒錯。

地球的自轉和月球的公轉之間存在着一個守恆的狀態，如果地球的自轉變慢，相應的，月球的公轉速度就要變快。

就像這個綁着橡筋的小球一樣，當小球的公轉速度變快，橡筋就會愈拉愈長。月球就是這樣離我們愈來愈遠的。

解釋得非常生動！

呱唧 呱唧

如果把地球的自轉比喻成不停旋轉的陀螺，那麼潮汐活動就相當於增加了地面的摩擦力。儘管這種摩擦力對地球來說微乎其微，但在日積月累之下，地球的自轉就會變慢，每隔 62500 年地球上一天的時間就會增加 1 秒鐘，這意味着月球將以每年 3.8 厘米左右的速度離開地球。10 億年後，當它漂移到 2.02 萬公里之外時，日全食現象將會消失。

水星上有水嗎?

植物學校長跑比賽

呼味
呼味

這個我倒是沒想到，我只是覺得在水星上我就不會渴了。

但是你會被烤焦，或者被凍成雪條……

水星離太陽很近，並且沒有大氣層的保護，最高溫度可達427℃，最低溫度低至-193℃。

那水一到上面豈不是立刻就會被蒸發了？

沒錯。

不過，美國科學家在水星極地附近的隕坑中，發現了冰山。

這麼高的溫度，冰山不會融化嗎？

冰山位於水星極地附近，那裏常年照射不到太陽，非常寒冷。

但對於冰山的組成成分，科學家還沒有確定。

如果是雪糕組成的該多好……

你倆聊完了嗎？

裁判
↓

我還等着下班呢！

其他選手呢？

他們早比完了，倒數第一和倒數第二就要從你們中間誕生了！

沒有大氣層保護，引力微弱，再加上巨大的溫差和強烈的太陽風，科學家一直認為水星上不存在任何形式的水。不過在水星的北極，太陽永久照射不到的地方，美國「信使」號衞星發現了水冰。水星上沒有水，那冰從何而來？科學家猜測它可能是由含有大量水的隕石攜帶而來，或者是彗星撞擊形成的，由於隕石坑中的溫度很低，冰無法昇華，於是沉積在此。

金星上的隕石坑怎麼不見了？

啊，怪物！

我是在敷面膜啦！

嚇我一跳。

你的面膜也太嚇人了。

這你就不懂了，它是用金星隕石坑裏的礦物質製成的。

據我所知，金星上沒有多少隕石坑啊！

金星的大氣層很厚，普通的隕石在穿越濃厚的金星大氣層時要麼燒毀了，要麼被減速到了「無害」的程度。

所以金星上的隕石坑很少。

這更說明了我這款面膜的珍貴。

我可是花大價錢買的。

敷完面膜，感覺自己又變美了。

真夠自戀的。

請叫我「來自金星的女孩」。

我覺得這個稱號不太適合你。

「來自月球的女孩」才適合你,因為你的臉已經變成月球表面啦!

假冒偽劣產品

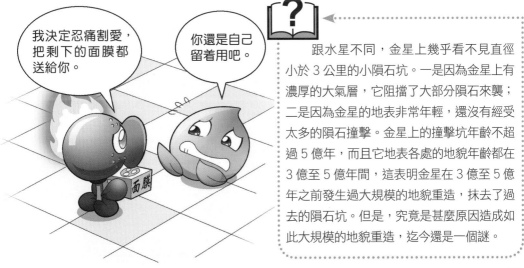

我決定忍痛割愛,把剩下的面膜都送給你。

你還是自己留着用吧。

面膜

跟水星不同,金星上幾乎看不見直徑小於 3 公里的小隕石坑。一是因為金星上有濃厚的大氣層,它阻擋了大部分隕石來襲;二是因為金星的地表非常年輕,還沒有經受太多的隕石撞擊。金星上的撞擊坑年齡不超過 5 億年,而且它地表各處的地貌年齡都在 3 億至 5 億年間,這表明金星在 3 億至 5 億年之前發生過大規模的地貌重造,抹去了過去的隕石坑。但是,究竟是甚麼原因造成如此大規模的地貌重造,迄今還是一個謎。

木衛二上真的
有噴泉嗎？

自修室

音樂噴泉表演
開始了，你們
還在這兒磨蹭
甚麼呢？

可是我的作業還沒有寫完呢。

你們真不懂得享受生活。

作業每天都有，音樂噴泉可不是每天都噴的！

好像很有道理……

菜問說得沒錯，我們應該抓緊時間享受生活。

可是……

所以豌豆射手，你就別猶豫了！

你就安心地留下來，幫我們寫作業吧！

自己的作業自己寫。

他走了怎麼辦？

沒關係，我們還有向日葵呢。

向日葵……

幫別人寫作業是欺騙行為，我才不會做這種事。

而且我也不會去看噴泉表演的，因為我現在看的這本書裏，有比音樂噴泉更壯觀的噴泉。

真的假的？

誰說的？不信你們看這個噴泉。

好荒涼⋯⋯

好壯觀！

這是哪兒呀？

是木星的衞星——木衞二。

哈勃太空望遠鏡曾在木衞二的南極地區發現了高達200公里的間歇性噴泉。

200公里！

200公里的噴泉，可以衝上天了吧！

你們知道望遠鏡在噴泉上發現了甚麼嗎？

它還發現這些羽狀噴射物中可能包含微生物！

這暗示着木衛二的冰層下方可能存在海洋，甚至孕育着生命。

你怎麼又回來了？

木衛二是木星的第四大衛星，它的表面覆蓋着厚厚的冰層，冰層下方可能存在蘊含生命的巨大海洋。但是這個液態海洋是溫暖的海水還是浮冰，目前無法確定，冰層的包裹讓人無法觸及它的內部。不過，木衛二上的噴泉給科學家提供了一個機會，羽狀噴射物噴射到一定高度，受到強大重力的吸引，會回落到地面，這樣就不需要科學家鑽井取樣了。

木星上的「大紅斑」為何不會散去?

前面好像有奇怪的東西。

是風暴!

自從 17 世紀天文學家羅伯特·虎克首次觀測到它，它至少已經存在 350 年了。

一場風暴居然可以維持這麼長時間。這個大紅斑是怎麼形成的呀？

大紅斑的形成原理跟地球上的反氣旋一樣，但是因為有持續不斷的能量補給，所以它才會持續這麼久。

在木星大紅斑面前，這點風暴根本不算甚麼。

你這是幹嗎？

我覺得我還是早點做準備比較好。

而且，這麼重要的事情，也應該先匯報給海盜船長才對。

不用了。

他早就知道了。

不會吧？

不信你自己問他。

船長，風暴已經從我們旁邊繞過去了。

我才不信呢，你們就是想騙我出去！

「大紅斑」是位於木星南半球的一個巨型風暴，它的風速可以達到640公里／小時。不過，至今科學家也沒有弄清它為甚麼會持續這麼久。有科學家認為，這是因為木星本身是一個氣態行星，大紅斑受到的地表阻力很小；而且它夾在兩個巨大的平行氣流帶之間，它們之間的相互作用使它一直像陀螺一樣旋轉，氣體的垂直運動彌補了它損失的能量，所以才會維持這麼久。

土衛六上有初等生命嗎？

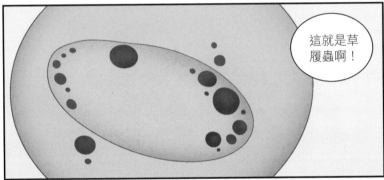

這就是草履蟲啊！

草履蟲是初等的單細胞生物，牠沒有大腦，沒有神經，每天在水中自由自在地游動。

如果我是一隻草履蟲就好了……

先聽我說完再做決定吧。

90

草履蟲的壽命非常短暫，大概只能活1天。

呃，其實做植物也挺好……

老師，外星上會不會也有草履蟲這種初等生物？

這可說不準。有科學家猜測，土衛六上可能有初等生命。

土衛六是土星的衛星嗎？

是的。它還是太陽系內唯一擁有濃厚大氣層的衛星，而且和地球的大氣一樣富含氮。

「惠更斯」號探測器還曾在土衞六上觀測到了液體。

甚麼液體？是水嗎？

科學家推測可能是液態甲烷或碳氫化合物。他們在土衞六的極地附近還發現了甲烷湖泊，這和早期地球的情況有些類似。

老師，我也觀測到了液體！

草履蟲本來就生活在水裏，觀測到液體很正常。

不是啦。

我說的你身上的液體。

我不小心把含有草履蟲的水倒到你身上了。

你們在幹嗎呢？

噓！我們在抓草履蟲。

土衞六是土星最大的一顆衞星，它擁有富氮大氣層，由液態甲烷等有機物質組成的湖泊，高山、沙丘等類似地球的地貌，以及蔚為壯觀的甲烷雨、閃電等自然現象，科學家對它存在生命一直抱有期待。不過，這裏地表溫度只有零下 180℃，比南極還冷，光照只有地球表面光照的千分之一，液體成分也和地球上的水大相徑庭，是否存在生命還需要更多證據。

天王星上真的有鑽石海洋嗎？

起牀啦！

再讓我睡一會兒。

說好今天帶我逛商場的。

怎麼才能把他喊醒呢？

淘金殭屍，家裏保險櫃被撬了！

甚麼？

我的保險櫃！

這不是好好的嗎？

現在可以帶我去逛商場了吧？

淘金殭屍，你最近可真貪睡。

唉，我哪兒是貪睡啊！

我這明顯是睡眠不足好嗎？

睡眠不足，找我就對啦！

你有甚麼好辦法嗎？

當然。

看到這顆閃閃發光的鑽石了嗎？

閃成這樣，想看不到都難。

告訴你，鑽石能影響人體的磁場，幫助睡眠。

真的？

當然是真的。你沒聽過「鑽石海洋」影響天體磁場的事情嗎？

我在書上看過！

科學家發現，天王星和海王星上的磁極和地理兩極偏差60°左右，不像其他行星那樣大致相同。

天王星和海王星的表面10%的成分是碳元素，這也是鑽石的主要成分，所以他們推測，這兩個星球上有巨大的「鑽石海洋」，這或許和它們的磁極傾斜有關。

海洋？你是指那裏的鑽石是液態的？

是的。因為這兩個星球上的壓強特別大，所以鑽石在那裏應該是以液態的形式存在。

我說得沒錯吧？

但是鑽石能促進睡眠的說法，應該是商家故意編出來的廣告。

你……

今天可是我們的店慶日，這麼大的鑽石只要998元，不買可就吃虧嘍！

這麼便宜，我買！

先買回去試試，也許管用呢！

記得睡覺的時候，把它放在牀頭。

一個星期後

淘金殭屍，你的黑眼圈好像又深了。

唉，我怕鑽石被偷，每天睡覺時都擔驚受怕，已經連續一個星期沒睡好了。

你有沒有試過數羊？

甚麼？還要花錢買羊？

科學家發現鑽石在 4000 萬倍零海拔壓力下，會變成液態，但是當壓力變成標準大氣壓的 1100 萬倍、溫度降低到 50000℃ 時，又會變成固態。天王星和海王星的壓強極大，內部溫度極高，而且表面 10% 的成分是碳元素，於是一些科學家猜測它們很可能存在液態鑽石海洋，剛好這一說法也能解釋為甚麼這兩顆行星的磁極偏離它們的地理兩極如此之大。

海王星的光環為何會消失？

「海王星」盃鋼琴大賽

我宣佈——

本次大賽的冠軍是——向日葵！

你有沒有發現，向日葵拿到獎盃後，好像自帶光環一樣。

還真是這樣！

難怪叫「海王星」杯鋼琴比賽。

海王星也有光環嗎？

曾經有，現在不知道還有沒有。

甚麼意思呀？

20 世紀 80 年代初，天文學家探測到了海王星的光環，它們非常狹窄和昏暗。

可是後來有一些天文學家稱，沒有觀測到海王星的光環。

光環還會「捉迷藏」？

美國天文學家在2002年和2003年對海王星光環進行了觀測，他們發現海王星光環正在逐漸消退。

不過消失的原因還不清楚。

菜問，堅果，你們都在這兒呀！

向日葵！

向日葵，祝賀你得獎！

謝謝。我有一件非常重要的東西,想麻煩你們幫忙護送一下。

放心吧,不就是獎盃嘛!

幫我把鋼琴抬回去吧!

輕點,這鋼琴很貴的!

女神的光環消失了……

海王星已知的光環有五個,都是由細小的塵土,以及冰和有機物構成的黑暗物質組成,所以十分暗淡。比較特別的是,它最外層的亞當斯環包含了三段明顯的弧,沿弧堆積着許多物質,科學家猜測這可能是由內側的衞星海衞六的引力作用引起的。最新的觀測結果顯示,海王星的光環不知因為何種原因正在消散,也許一個世紀左右就會完全消失。

「冥王星之心」是怎麼形成的？

哪兒來的蛋糕？

生日快樂

生日快樂

正好堅果不在，那我就不客氣啦！

哥哥！你在幹甚麼？

我⋯⋯

那是我給向日葵做的愛心生日蛋糕！

向日葵的⋯⋯蛋糕⋯⋯

哥哥做個一模一樣的蛋糕賠給向日葵吧！

來不及了。向日葵的生日派對15分鐘後就開始了。

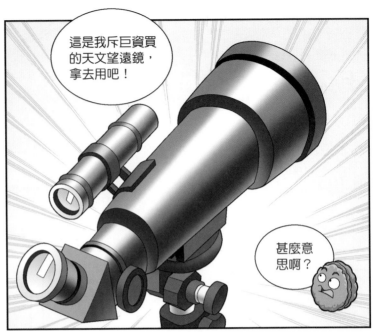

在冥王星的表面有一個巨大的心形區域，被稱為「冥王星之心」。

「冥王星之心」的左半部分是史波尼克平原，它寬達 1000 公里，是太陽系中已知的最大的冰川結構。

向日葵看到「冥王星之心」一定比收到愛心蛋糕還開心。

太棒了，向日葵肯定更喜歡這個。

不過我擔心冥王星的體積很小，加上距離地球很遠，望遠鏡不一定能觀察到心形區域。

來不及了，有禮物送就可以了！

我真是世界上最好的哥哥。

哥哥,我回來啦!

回來啦?

雖然我們沒有看到「冥王星之心」,但是向日葵還是很喜歡我送她的禮物。

你送了甚麼禮物啊?

你的望遠鏡。

我只是把望遠鏡借給你們觀看「冥王星之心」，誰讓你把它送出去的！

吃蛋糕吧，這樣心裏會好過一點。

我再也不想看到蛋糕了！

?

科學家一直想弄清楚「冥王星之心」這塊心形區域是怎麼形成的，是隕石撞擊形成的盆地嗎？但通過對這片心形區域左半部分史波尼克平原的研究，科學家否定了這個結論。他們認為這塊固態氮氣冰蓋有可能是很早之前形成的，那時候冥王星的自轉速度很快，不需要撞擊就能產生這樣一個盆地。很可能是不斷增加的寒冰導致了冥王星表面坍塌，使史波尼克平原比周圍的地形低，形成了「冥王星之心」。

太陽系是否存在
第九大行星？

閃開！

白蘿蔔這是怎麼了？

先讓我喘口氣。

這傢伙的「風捲殘雲」功太厲害了。

風捲殘雲？

就是像行星一樣，能掃清一切障礙的功夫。

行星我知道。

太陽系有九大行星。

錯,明明是八大行星。

第九大行星不是冥王星嗎?

那是過時的消息,冥王星早就從行星中除名了。

為甚麼啊?

冥王星被發現後,一直被認為是太陽系的第九大行星,但是愈來愈多的觀測顯示,它和真正的行星是有區別的,只能被歸為矮行星之列。

矮行星?

行星和矮行星最大的區別是，行星在運行中已經掃清了軌道上的一切障礙。

你的意思是，冥王星沒有掃清障礙，所以被除名了？

是這樣。

不過科學家從來沒有停止搜尋「第九行星」。他們推測，在太陽系中可能還有另一顆比冥王星大 5000 倍的行星。

這顆行星的質量大約是地球的 10 倍，公轉一周需要 1 至 2 萬年。

他一定是不想被植物功夫榜除名，才刻苦練功的。

才不是，「風捲殘雲」是用於逃跑的。

他是偷吃了我的健身早餐，怕被我抓住才逃跑的。

白蘿蔔，你教教我「偷吃逃跑」功吧。

注意你的用詞，是「風捲殘雲」功。

冥王星被降級為矮行星後，科學家們一直在搜尋新的太陽系第九大行星。2016 年，天文學家邁克爾·布朗提出，太陽系的邊緣可能還存在另一顆行星。據他分析，在 45 億年前，一顆巨大的行星被推出了行星形成區，並最終進入一條橢圓形軌道，只是因為太遙遠了，人類還不曾發現它。當然，這僅僅是一種科學推斷。

太空的謎團

水星是太陽系內最靠近太陽的行星，因此很容易淹沒在太陽的光芒中，難以觀測。2011 年，「信使」號探測器歷時六年半，終於進入水星軌道，為我們帶來了更多關於水星的訊息。水星如此靠近太陽，但反射到地球的光線卻比月球還少，表面比月球還黑，這一直讓科學家困惑不已。最新的研究結果表明，水星表面顏色很深可能跟碳相關，深色的表面減弱了水星反射太陽光的能力，從而使水星看起來很暗淡。不過另一個問題又來了，這些碳來自哪裏呢？

有科學家猜測，這些碳來自彗星。彗星是由水、氨、二氧化碳和塵埃微粒等物質混雜而成的，所以又被稱為「髒雪球」。據估計，彗星質量的 18% 是由碳構成的。當彗星靠近太陽時，彗星物質升華，含碳的塵埃很可能落入最靠近太陽的行星——水星上面。日積月累，水星表面的顏色就變深了。

還有科學家認為，這些碳主要來自水星內部。水星在形成初期曾經是個「火球」，非常炙熱，表面覆蓋着熔融岩漿海洋。經過漫長的地質時期，它冷卻了下來，大多數礦物質也隨之沉澱了下來，但碳卻在衝擊作用下「浮」到了地殼表面。「信使」號對水星表面岩層的分析也顯示，水星表面岩石中所含的石墨碳比其他行星多得多。

　　另有研究人員稱，水星表面的碳主要來自富含碳的小隕石。這些富含碳的小隕石來自彗星塵埃，它們持續撞擊水星，引發的高溫使碳從這些微小的隕石中蒸發出來，從而形成了石墨碳和納米鑽石等。可以說，水星是一顆被「煤灰」覆蓋的星球。

火星表面為甚麼會乾枯

　　火星是太陽系中和地球最相似的行星，曾被看作是人類星際移民的首選之地，然而從火星發回的圖像顯示，狂暴的太陽風已經把火星吹成一個又乾又冷的「沙漠星球」了。可是在 40 億年前，火星上的氣候溫暖濕潤，表面覆蓋着大量

的水甚至海洋，是甚麼原因導致了火星的氣候巨變呢？它表面的水又去哪裏了呢？

　　一直以來，科學家認為火星的磁場丟失和引力小是導致火星環境發生巨變的主要原因。火星在形成之初，曾擁有和地球磁場非常相似的磁場，然而在 30 多億年前它的磁場神祕消失了，至今原因不明。科學家猜測，可能是小行星多次撞擊火星導致火星內核冷卻，致使磁場丟失。沒有磁場的保護，再加上火星的引力只有地球引力的 40%，火星完全暴露在太陽風中，它的大氣層不斷散逸，水分也逐漸散盡。

　　不過，火星上仍可能有一部分水是「漏網之魚」。科學家曾在火星的極地附近發現過水的痕跡，並推測火星上的水可能像冰川一樣藏在地下。2015 年美國太空總署還發現了一種「高濃度鹹水」，這是火星上首次發現的液態水。此外，英國《自然》雜誌還提出，火星上的一部分水可能被埋在地下，科學家發現火星玄武岩比地球玄武岩能多留存約 25% 的水，這些水分可能會滲透到火星的內部，即火星幔中。

？ 木星是地球的保護傘嗎

　　木星是太陽系中的「老大哥」，它的體積相當於 1300 個地球，質量是太陽系中其他七大行星質量總和的 2.5 倍。

2015 年，有科學家稱在太陽系形成的早期，木星曾飄移到太陽的附近，依靠自身強大的引力將附近固態天體銷毀，隨後它又在土星引力的作用下回到了現在的軌道上，於是太陽附近留出了大片空間。在這片空間裏，殘餘的物質又組合成了一些較小的天體，就是今天的水星、金星、地球和火星。

1994 年，蘇梅克 - 列維九號彗星撞向木星的南半球，釋放出足以毀滅地球的能量，因為距離遙遠，地球安然無恙，這使人們突然意識到木星一直做着「清道夫」的工作，在默默地保護着地球。從太陽系以外落入太陽系的天體，會先經過木星的引力範圍再到達地球，木星的引力非常大，靠近它

的天體很難逃脫，這大大降低了地球被這些天體撞擊的危險。

　　不過，並不是所有的科學家都認同木星是地球的「保護傘」的說法。有科學家認為，儘管木星阻擋了很多「天外來客」，但是它強大的引力使許多小行星的軌道極不穩定，這大大增加了地球被小行星撞擊的危險。我們知道木星和火星之間有一個小行星帶，小行星帶的物質本來可以再形成一個行星，但是木星強大的引力不斷地干擾它們，使它們無法聚合在一起。這些小行星是地球面臨的最大危險，許多科學家推測，地球歷史上多次生物滅絕事件都是由小行星撞擊地球引起的。有科學家進行過模擬實驗，推測如果太陽系中沒有木星，地球被小行星撞擊的概率將降低 30%。

　　也就是說，木星增加了我們被小行星撞擊的概率，但同時減少了我們被彗星撞擊的概率，它是「保護傘」還是「地球殺手」，要看從哪個方面來看。

？ 土星環究竟是甚麼時候形成的

　　土星是太陽系中體積僅次於木星的行星，它以擁有美麗的土星環著稱，不過土星環究竟是甚麼時候形成的，至今仍是個謎。目前科學界的主流觀點認為，土星環的年齡非常古老，形成於太陽系和土星形成早期，是彗星或小行星等外來天體撞擊土星衛星產生的殘骸，經過不斷堆積和碰撞形成的

環狀結構。由於土星環的主要物質是冰晶和塵埃，它們能有效地反射太陽光和星光，所以看起來十分明亮。

不過，最近這一觀點受到了質疑。質疑者指出了兩個疑點：一是土星環的質量相當小，根據「卡西尼」號探測器傳來的信息，土星環的質量大約只有土星衛星土衛一質量的40%；二是土星環非常明亮，按照常理星環愈老，顏色愈暗，這說明土星環形成的時間並不長。而且「卡西尼」號探測器在探索土星的這 13 年間發現，墜入土星系統的塵埃粒子比我們預想的多很多，如果土星環存在的時間足夠長，不可能保持現在的亮度。科學家通過測定「卡西尼」號捕捉到的暗黑塵埃微粒，推測土星環的年齡介於 1 億至 2 億年間。

對此質疑，支持土星環年齡古老觀點的科學家稱，如果土星環是在 1 億至 2 億年前形成的，那麼我們就無法解釋它的成因，因為在這段時間似乎沒有甚麼較大的彗星或小行星能與土星發生撞擊。於是又有科學家提出，也許土星環並不是外來天體撞擊土星的衛星形成的，而是它吞噬了自己的一顆衛星形成的。土衛五以內的所有衛星都很年輕，它們很可能是土星穩定之後重新拼湊而成的，但這卻解釋不了為甚麼土星的其他衛星都很古老。總之，要解答土星環究竟是甚麼時候形成的，是怎樣形成的，還需要開展更多的探索和研究。

　　月球是怎麼誕生的，一直是科學界爭論不休的問題。最早關注月球起源問題的是喬治・達爾文，1879 年他提出了「分裂說」，認為地球在形成初期呈熔融狀態，自轉速度非常快，再加上太陽引發的潮汐作用，自轉週期進一步從 4 小時縮短至 2 小時，致使地球的部分物質脫離，進而形成月球。地球上廣袤的大洋就是這場「分裂」留下的「疤痕」。1952

年，美國宇宙化學家哈羅德·尤里完善並重提古人的「同源說」，他認為月球是由太陽系原始星塵匯聚形成的，它和地球是兄弟姐妹的關係。然而「阿波羅計劃」帶回的樣品讓這個說法非常尷尬，因為它們表明月球是一顆經過了分異的星球，並不是由冰冷的、未經分異的原始物質組成的。和「同源說」相反的「捕獲說」則認為，月球和地球是由不同的星雲物質形成的，它本來和地球一樣，也圍繞着太陽旋轉，但是因為軌道太接近地球，被地球強大的引力捕獲，轉變成了一顆衛星。不過，地球捕獲月球，並將它變成自己的衛星的概率非常小，同時此假說也不能解釋其他的一些問題。

目前科學界最為認同的假說是「大碰撞分裂說」。該假說認為地球在形成之初曾受到一個和火星差不多大的天體的撞擊，撞擊之後這個天體和地球的部分物質熔化、蒸發，並被拋入太空，一小部分物質在地球引力的作用下，形成了一個圍繞地球的環，環中的部分物質漸漸聚合形成了月球。不過，科學家最近對月球岩石標本進行的測定發現，月球岩石的成分與地球岩石很相似，這個結果對「大碰撞分裂說」很不利。如果月球是地球與另外一個天體碰撞產生的，那麼另外一個天體的痕跡到哪裏去了呢？不過也有研究者認為，太陽系形成的早期，許多天體的運行軌道都不穩定，很有可能與地球發生碰撞，只是我們不知道，地球與另一天體發生碰撞，是完全融合還是部分融合分裂出了月球？

月球是地球唯一的衛星，也是人類成功登陸的唯一一個星體。它的許多未解之謎正在逐漸解開，比如月球看起來像是臉上長了「麻子」，太空人登上月球之後，已經確認這是月球表面佈滿了大大小小隕石坑的緣故。

「殭屍」恆星光環預示着太陽系的結局嗎

「殭屍」恆星即 Ia 型超新星，它通常是由一個白矮星和一個巨星組成的雙星系統。之所以稱 Ia 型超新星為「殭屍」恆星，是因為它的主星白矮星是一個「死亡」星球，不過它可以利用自身強大的引力，吞噬伴星紅巨星的物質，從而「起死回生」。

一般來說，質量超過太陽 10 倍的恆星，會直接在超新星爆發中粉身碎骨，而質量不那麼大的恆星，譬如太陽，它們的命運要曲折得多。通常它們會先膨脹成紅巨星，進而演化成白矮星，白矮星體積小、密度大、引力非常強，它會在它的周圍形成一圈一圈的光環，並通過這些光環將紅巨星的氣體佔為己有。紅巨星也是恆星走到生命盡頭的一種形態，它們擁有巨大的體積，但結構鬆散，在強勢的白矮星面前毫無反抗能力，自然淪為砧板上的魚肉，任白矮星宰割。不過，當白矮星的質量達到 1.44 倍太陽質量時，最終還是會發生爆炸。

　　到時太陽系其他行星和小行星的命運會怎麼樣呢？面對這個疑問，科學家對宇宙中一顆名為 SDSS J1228＋1040 的白矮星，進行了長達 12 年的觀測，他們發現一顆小行星擅自闖入這顆白矮星的「寢榻」後，被強大的潮汐力撕得粉碎，它的殘骸形成了圍繞着這顆白矮星的光環。天文學家稱，也許 70 億年後太陽死亡時，太陽系也會發生相同的變故。不過恆星死亡的過程中隱藏着許多未解之謎，尤其是我們尚不清楚的「暗物質」，也許到時太陽系會出現更為複雜的狀況吧。

20 世紀 60 年代，天文學家發現了「類星體」，即類似恆星的天體。這些天體的發光區域比普通星系還小，但卻能發出耀眼的光芒，釋放出上千倍於普通星系的能量，這給科學家帶來了一個難題，類星體的能量究竟來自哪裏？

經過 50 多年的研究，科學家已經發現了許多古老的類星體，它們大多是在宇宙年齡 10 億年左右時形成的，那時

是宇宙的「幼年期」。科學家在這些類星體的中心發現了質量巨大的黑洞，它們通常是太陽質量的百億倍。正如我們之前了解的那樣，這些黑洞都是些貪婪的傢伙，它們持續不斷地吞噬着周圍的物質，落入黑洞的物質相互摩擦、釋放能量，發出強烈的光芒。不過令科學家感到困惑的是，為甚麼在宇宙的「幼年期」，這些黑洞會有如此巨大的規模？

科學家認為，這些巨型黑洞，是由一些非常小的「種子黑洞」，通過吞噬周圍氣體物質發展而成的。在宇宙形成早期出現了一批「第一代恆星」，它們的質量比今天的太陽大

得多，但是它們在大約 100 萬年後就結束了生命，坍縮成一個個黑洞，即「種子黑洞」。這些種子黑洞位於之前孕育出恆星的氣體中，可以不斷吞噬這些氣體。種子黑洞愈重，「吃東西」愈快，重量增長得也愈快。以已知的中心黑洞質量最大的類星體為例，它的種子黑洞最初只有 1000 個太陽那麼重，但是經過 5 億年後，它「吃」成了 120 億個太陽那麼重的「大胖子」。然而根據現有的理論，這樣的成長速度根本不可能存在。這使我們意識到，大質量黑洞吞噬周圍物質的速度，可能遠遠超過以往的認知。我們還需要掌握更多關於宇宙早期黑洞的知識，才能看清黑洞的過去、現在和未來。

□ 責任編輯：華田
□ 裝幀設計：龐雅美 鄧佩儀
□ 排版：楊舜君
□ 印務：劉漢舉

植物大戰殭屍 2 之未解之謎漫畫 01
——太空未解之謎

□
編繪
笑江南

□
出版
中華教育
香港北角英皇道 499 號北角工業大廈一樓 B
電話：(852) 2137 2338　傳真：(852) 2713 8202
電子郵件：info@chunghwabook.com.hk
網址：http://www.chunghwabook.com.hk

□
發行
香港聯合書刊物流有限公司
香港新界荃灣德士古道 220-248 號
荃灣工業中心 16 樓
電話：(852) 2150 2100　傳真：(852) 2407 3062
電子郵件：info@suplogistics.com.hk

□
印刷
泰業印刷有限公司
香港新界大埔工業邨大貴街11至13號

□
版次
2022 年 7 月第 1 次印刷
2023 年 9 月第 2 次印刷
© 2022 2023 中華教育

□
規格
16 開（230 mm×170 mm）

□
ISBN：978-988-8807-65-9

植物大戰殭屍 2·未解之謎漫畫系列
文字及圖畫版權 © 笑江南
由中國少年兒童新聞出版總社在中國首次出版　所有權利保留
香港及澳門地區繁體版由中國少年兒童新聞出版總社授權中華書局出版

©2022 Electronic Arts Inc. Plants vs. Zombies is a trademark of Electronic Arts Inc.
中國少年兒童新聞出版總社「植物大戰殭屍」系列圖書獲美國 EA Inc 官方正式授權